L'ACTIVITÉ MUSCULAIRE

ET

L'ÉQUIVALENCE DES FORCES

PAR

Alexandre HERZEN

PROFESSEUR DE PHYSIOLOGIE A L'ACADÉMIE DE LAUSANNE

EXTRAIT DE *LA REVUE SCIENTIFIQUE*

PARIS

BUREAU DES DEUX REVUES

111, BOULEVARD SAINT-GERMAIN

1887

L'ACTIVITÉ MUSCULAIRE

ET

L'ÉQUIVALENCE DES FORCES

PAR

Alexandre **HERZEN**

PROFESSEUR DE PHYSIOLOGIE A L'ACADÉMIE DE LAUSANNE

EXTRAIT DE *LA REVUE SCIENTIFIQUE*

PARIS

BUREAU DES DEUX REVUES

111, BOULEVARD SAINT-GERMAIN

1887

L'ACTIVITÉ MUSCULAIRE

ET

L'ÉQUIVALENCE DES FORCES [1]

On sait que les phénomènes chimiques qui constituent la nutrition sont en même temps la source de la chaleur animale ; l'organisme vivant étant une machine apte à produire du travail mécanique, il s'agit de savoir si cette machine est soumise à la loi universelle de l'équivalence thermodynamique, c'est-à-dire si elle consomme de la chaleur pour fournir un travail positif (une ascension, par exemple), et si elle en accumule pendant le travail négatif (une descente). Le problème s'applique spécialement à

---

(1) Dans son article sur *la Pensée*, M. A. Gautier affirme que les expériences de M. Béclard démontrent que l'activité du muscle est *corrélative de son refroidissement ;* c'est une erreur : dans les expériences de M. Béclard le thermomètre a toujours indiqué un échauffement du muscle actif, mais cet échauffement a été *un peu moindre* lorsque l'activité du muscle effectuait un travail mécanique positif ; M. Gautier devrait par conséquent, ainsi que M. Richet l'a déjà fait observer, nier que le travail musculaire est un travail à équivalence thermodynamique. On peut se demander si, en général, des expériences thermométriques sur une extrémité qui reçoit encore le courant sanguin, ou sur l'organisme tout entier, méritent quelque confiance ; on sait, en effet, combien l'exercice modifie rapidement et profondément le rythme et l'ampleur des respirations,

l'organe du mouvement, au tissu musculaire; or il est de mode, dans ces derniers temps, de nier que le muscle soit un moteur à calorique, qui, à l'instar des autres moteurs semblables, transformerait la chaleur en travail; il n'est pas possible, dit-on, que la chaleur dégagée au sein du muscle, par les réactions chimiques dont il est le siège, se transforme en travail mécanique, parce que *la condition nécessaire* à cette transformation manque dans la machine animale; l'énergie mécanique de celle-ci doit, par conséquent, avoir une autre source que la chaleur. Il existe actuellement, à cet égard, un accord presque général parmi les physiciens et les physiologistes; et pourtant, il me semble que ce raisonnement est fondé sur une comparaison erronée. « La condition nécessaire » dont on parle ne l'est que pour les machines à vapeur perfectionnées, pour celles qui, grâce à un

---

la fréquence du pouls, l'évaporation cutanée, etc. Cette consideration est assurément très grave, quand il s'agit d'ascensions prolongées, comme celles de MM. Lortet, Marcet, Forel et autres; mais je ne crois pas qu'elle doive entrer en ligne de compte dans des expériences comme celles de MM. Marc Dufour et Fick, ou comme les miennes (voy. *Revue scient.* du 20 juin 1885), non plus que dans celles de M. Béclard, où il n'y a à craindre que le changement de la vasculation de l'organe mis en activité; mais comme dans ces expériences il s'agit uniquement de la *différence* entre l'échauffement correspondant à l'activité musculaire sans travail et celui qui correspond à la même activité avec travail, il est clair que ce changement est le même dans les deux cas et n'affecte point la différence. Or, tandis que les expériences de M. Béclard ont donné simplement un *échauffement moindre* en cas de travail positif, celles de MM. Fick et Dufour, ainsi que les miennes, ont donné un *léger refroidissement* au début du travail.

mouvement de va-et-vient du piston, transformé en mouvement circulaire, doivent fournir un travail continu ; cette condition, c'est *la grande chute de température* entre la chaudière et le condenseur, qui n'a d'autre but que celui de favoriser et d'accélérer le retour du piston, après l'accomplissement de son excursion, due à l'entrée de la vapeur dans le cylindre ; c'est un perfectionnement très utile au point de vue industriel, mais ce n'est pas le principe fondamental de la machine : le piston peut parfaitement être poussé en avant par la vapeur dilatée dans la chaudière et fournir du travail mécanique, en l'absence du condenseur, — et c'est tout ce qu'il faut pour constituer une machine simple, élémentaire. Or le muscle n'est pas une machine perfectionnée ; le piston musculaire n'a pas de mouvement de va-et-vient et ne peut se mouvoir que dans une seule direction ; pour revenir sur l'excursion accomplie dans un sens donné, il faut une autre chaudière, un autre cylindre et un autre piston, qui travaillent en sens inverse, — sans quoi le retour ne saurait avoir lieu ; bref, le muscle est une machine imparfaite, une machine à travail pour ainsi dire *unilatéral ;* le biceps peut fléchir l'avant-bras sur le bras, et c'est tout ; son action est épuisée par ce travail, et il ne peut pas étendre de nouveau le bras qu'il a fléchi ; il faut pour cela que le triceps entre en action, lequel à son tour ne peut qu'étendre le bras et nullement le fléchir. On le voit, dans tous les cas où la machine vivante a besoin d'accomplir deux mouvements en sens inverse l'un de l'autre (ce qui a toujours lieu lorsqu'elle doit fournir un travail continu, marche, vol ou natation), elle en est réduite à employer deux machines indépendantes l'une de l'autre, dont aucune ne possède le perfectionnement indiqué tout à l'heure, et dont chacune accomplit son travail en l'absence de tout arrangement comparable à l'action synergique de la chaudière et du condenseur; c'est exactement comme si, pour obtenir le rapide va-et-vient du piston en l'absence du condenseur, on avait deux chaudières fonctionnant de façon que la vapeur de l'une le poussât en avant et celle de l'autre en arrière. Il s'ensuit que tous les raisonnements fondés sur la nécessité d'un considérable écart de température entre les deux organes essentiels des machines perfectionnées, et tendant à démontrer l'impossibilité de la transformation de la chaleur en travail mécanique au sein de la machine vivante, et spécialement du muscle, manquent complètement de base. Il me semble, au contraire, que toutes les données expérimentales que nous possédons relativement à l'activité musculaire démontrent que cette transformation a réellement lieu, pour le moins dans les cas où l'activité du muscle fournit du travail mécanique extérieur, et peut-être aussi dans les cas où elle n'en fournit point. Le simple fait de la contraction d'un muscle, même si ce dernier est séparé de toutes ses attaches et s'il ne soulève aucun poids, n'est-il pas, en effet, un travail mécanique? S'il n'y a pas déplacement d'une masse étrangère au muscle, du moins la masse du muscle lui-même est déplacée; et même si le dispositif de l'expérience est tel que le muscle n'ait rien à soulever, n'a-t-il pas, au moment de sa contraction, à vaincre la résistance des enveloppes de la substance active, à comprimer ou à distendre des tissus élastiques? Enfin, le changement moléculaire intime, qui constitue la contraction du muscle, n'est-il pas, à lui seul, un travail interne s'accomplissant aux dépens d'une certaine quantité de chaleur ? Cela doit être, si l'analogie entre les propriétés physiques du tissu musculaire et celles du caoutchouc est aussi grande que les recherches modernes semblent l'indiquer : le muscle, comme le caoutchouc, s'échauffe quand il est étiré et se refroidit quand il se rétracte; or la contraction active du muscle n'est pas autre chose qu'une brusque augmentation de rétractilité. Le muscle, en se contractant, devrait donc se refroidir; mais en énonçant cette idée, nous nous heurtons, dès le début, à une objection apparemment très grave : dans la très grande majorité des cas, les expériences thermométriques indiquent, dans l'intérieur du muscle actif, une *augmentation* et non une diminution de la température. Cependant, cette objection est moins grave qu'elle n'en a l'air de prime abord : la méthode thermométrique ne peut, en effet, nous révéler autre chose que l'état thermique momentané de l'objet en expérience; aussi l'échauffement qu'elle indique peut-il parfaitement être le résultat, la somme algébrique, d'un échauffement beaucoup plus considérable, neutralisé en partie par un refroidissement simultané, mais moindre; l'échauffement du muscle actif, observé dans la plupart des cas, *mais nullement toujours*, peut donc être interprété dans ce sens, qu'au moment de l'activité il se dégage en général assez de chaleur dans l'intérieur du muscle pour couvrir et pour dépasser même le refroidissement simultané, si tant est que ce refroidissement existe ; or les recherches de ces dernières années ne laissent plus guère de doute sur son existence.

D'après cette manière de voir, la contraction musculaire serait en même temps un phénomène *physique* absorbant de la chaleur et un phénomène *chimique* produisant de la chaleur, de telle sorte que, si le premier pouvait avoir lieu sans le dernier, le muscle actif devrait toujours devenir plus froid, tandis que, si le dernier pouvait avoir lieu sans le premier, le muscle devrait s'échauffer plus qu'il ne le fait dans l'accomplissement normal d'une contraction ; et cela exactement de la quantité de chaleur qui est consommée par le processus intime constituant la contraction. C'est là sans doute un cas hypothétique, et nous n'avons aucun moyen de séparer et d'isoler ainsi les deux phénomènes qui constituent l'activité musculaire ; mais il y a des expériences qui montrent qu'ils se laissent plus ou moins disjoindre, assez pour prouver qu'ils ne sont pas absolument solidaires. Déjà Solger, Mayerstein et Thiry avaient vu, dans leurs observations thermo-galvanométriques sur l'activité musculaire, une légère déviation dans le sens du refroidissement du muscle au début de la contraction ; Valentin et Heidenhain ne réussirent pas à confirmer ce résultat ; il fut attribué à un défaut de la méthode expérimentale, et il n'en fut plus question.

Cependant, les recherches subséquentes, faites avec les soins les plus minutieux, ont montré qu'il est bien réel et que, dans certaines conditions, il se manifeste avec toute la netteté désirable. S'il reste quand même difficile à constater, et si, comme tout le monde l'admet, le muscle qui entre en activité s'échauffe dans la très grande majorité des cas, cela est dû peut-être à ce que l'on s'attache, en général, à expérimenter sur des muscles *aussi frais que possible*, c'est-à-dire bien nourris et saturés, par conséquent, de substances à décomposer, de sorte que la chaleur dégagée par les réactions chimiques accompagnant la contraction est plus que suffisante pour masquer le refroidissement dont il s'agit ; s'il en est ainsi, le refroidissement en question doit être plus facile à observer sur des muscles moins frais, *plus ou moins épuisés* par une privation prolongée de la circulation du sang ou par des excitations fortes et fréquentes qu'ils auraient subies avant l'expérience thermométrique. C'est, en effet, ce qui semble ressortir indirectement des expériences classiques de Heidenhain.

Heidenhain a constaté, en effet, qu'en faisant une série nombreuse d'expériences sur le même muscle, qui naturellement se fatigue de plus en plus, on voit la quantité de chaleur dégagée pendant l'activité, et mesurée par la déviation du galvanomètre, *décroître beaucoup plus rapidement* que l'énergie de la contraction, mesurée par le travail effectué ; ainsi, par exemple, dans une des séries, il indique à la première expérience 19,05 centigrammètres pour le travail et 6,5 degrés de l'échelle de son galvanomètre pour l'échauffement ; dans la dernière expérience, sur le même muscle le travail est encore 11,7 tandis que l'échauffement n'est plus que 1. Dans une autre série, dans la première expérience, le travail est de 51,7 et l'échauffement de 7,5 ; à la dernière expérience, de la même série, le travail est encore 32,4, tandis que l'échauffement n'est plus que 2,5. Dans une troisième série, à la première expérience, le travail est 108 et l'échauffement 12 ; à la dernière, le

·travail est encore 38 et l'échauffement n'est plus que
2,5. En outre, toutes les fois que le muscle subit,
entre une expérience et l'autre, une tétanisation qui
le fatigue plus ou moins, il y a une *chute rapide* de
l'échauffement, sans qu'il y ait toutes les fois une
chute correspondante du travail. On voit, en somme,
que l'échauffement, dans les dernières expériences
de chaque série, est extrèmement faible, tandis que
le travail est encore très appréciable, le tiers ou
même la moitié environ de ce qu'il était au commen-
cement. Si Heidenhain avait prolongé ses séries
beaucoup plus qu'il ne l'a fait, n'est-il pas probable
qu'à un moment donné, l'échauffement serait devenu
nul et se serait peut-être même transformé en un
refroidissement? Cela est d'autant plus vraisemblable
que, dans ces expériences, il y a réellement, malgré
l'*apparent* échauffement, un refroidissement *réel*,
mais masqué, ainsi que M. Marc Dufour l'a très
bien fait ressortir ; en effet, à chaque expérience,
Heidenhain faisait exécuter au muscle trois contrac-
tions consécutives, de sorte que le poids était trois
fois soulevé et nécessairement trois fois abaissé ; il
s'ensuit que le travail négatif annulait le travail
positif et restituait au muscle la chaleur consommée
par celui-ci ; or, si on soustrait de la chaleur constatée
par Heidenhain, l'équivalent thermique indûment
restitué, on obtient vers la fin de ses séries *des chiffres négatifs*, ce qui signifie que si le trayail positif
n'avait pas été annulé, le galvanomètre aurait indiqué
un léger refroidissement du muscle au moment de
son activité. A la rigueur, on devrait soumettre les
chiffres de Heidenhain à une deuxième soustraction,
car il a été démontré plus tard que toute extension

d'un muscle l'échauffe, précisément comme le caoutchouc ; de sorte que la chute du poids soulevé par la contraction devait nécessairement produire, dans ces expériences, non seulement l'échauffement correspondant au travail négatif, mais encore l'échauffement correspondant à l'extension du muscle. C'est à éviter ces deux surplus de chaleur, étrangers au processus de l'activité du muscle, que s'est attaché Danilewsky (1). Ce qui n'était qu'une possibilité théorique, ou, si l'on veut, une probabilité, dans les expériences de Heidenhain, est devenu une réalité dans celles de Danilewsky. Il s'est arrangé de manière que toute l'influence de la chute du poids s'exerçât sur un mince fil de caoutchouc au lieu de s'exercer sur le muscle, et il a trouvé que, dans ces conditions, l'échauffement est toujours *beaucoup moins considérable*, à tel point que, dans quelques-unes de ses expériences, il a positivement et directement constaté le *refroidissement* du muscle ; mais il trouve ce fait paradoxal et l'attribue à une circonstance indépendante de la contraction du muscle. Mais les recherches de Blix, publiées trois ans plus tard, dans la *Zeitschrift für Biologie*, démontrent qu'il n'en est pas ainsi et que le refroidissement est dû bien réellement à l'activité du muscle ; Blix a observé ce refroidissement avec une netteté et une constance parfaites, grâce à sa méthode expérimentale, qui lui permettait de calculer les variations thermiques du muscle d'après la première excursion du galvanomètre et qui le forçait de faire les expériences sur des muscles ayant séjourné beaucoup plus longtemps

(1) *Arch. de Pflüger*, 1880, t. XXI.

que d'habitude dans la chambre humide, afin d'obtenir d'abord un parfait équilibre thermique ; c'est là une condition éminent favorable, puisque ces muscles avaient, en attendant, consommé une grande partie des substances décomposables qu'ils contenaient, ce qui devait réduire au minimum les réactions chimiques, calorifiques, accompagnant leur activité ; ils étaient dans un état analogue à celui des muscles des dernières expériences dans les séries de Heidenhain.

Blix a constaté que toutes les fois que le muscle en expérience se contractait sans accomplir le travail mécanique, le galvanomètre indiquait un échauffement, tandis que toutes les fois que sa contraction effectuait un travail positif, le galvanomètre déviait en sens contraire et indiquait ainsi un *refroidissement*.

Peut-on, après cela, douter que le muscle est **un** véritable moteur à calorique, qui transforme la chaleur en travail mécanique ? Cependant, tout cela ne démontre pas encore que la *contraction* musculaire elle-même est un phénomène qui absorbe de la chaleur, même lorsqu'il ne sert pas à produire du travail positif. Il se peut que des recherches ultérieures réussissent à dévoiler un refroidissement des muscles actifs se contractant *à vide* ; il se peut aussi que, tant que le tissu musculaire conserve son irritabilité et est encore capable de se contracter, il contienne encore assez de substance décomposable pour que le refroidissement de contraction soit masqué par la chaleur provenant des réactions chimiques simultanées. Il y a cependant, dans les expé-

riences de Danilewsky, une indication précieuse,
favorable à l'existence réelle de ce refroidissement ;
il a trouvé, en effet, un équivalent thermique *trop
élevé* relativement au travail positif accompli par les
muscles pendant ses observations, ce qui signifie que
le muscle consomme *plus* de chaleur qu'il n'en faut
pour fournir le travail accompli et qu'une perte de
chaleur qui ne correspond à aucun travail extérieur
vient s'ajouter au véritable équivalent thermique de
ce travail ; à quoi cette perte peu-elle donc corres-
pondre, sinon *au travail moléculaire intérieur qui
constitue la contraction musculaire ?*

Cette question ne pourra assurément recevoir sa
réponse définitive que lorsque nous aurons réussi à
connaitre dans tous leurs détails les réactions chimiques qui accompagnent l'activité musculaire, à dé-
terminer exactement la quantité de chaleur qui leur
correspond et à constater, au moyen de la méthode,
non plus thermométrique, mais *calorimétrique*, si
toute cette chaleur se retrouve comme telle au
moment où le muscle se contracte, même sans accomplir de travail mécanique positif (1). Il n'est malheu-

---

(1) Des expériences de ce genre ont été tentées par M. A.
Hirn, il y a une trentaine d'années ; quoi qu'il en soit des criti-
ques nombreuses dont elles ont été l'objet, elles ont donné un
résultat très curieux et tout à fait inconciliable avec la loi
d'équivalence thermodynamique : un déficit *énorme* de chaleur
pour le travail positif, et pour le travail négatif un surplus de
chaleur insignifiant ou même *nul*. Aussi, dans l'ouvrage qui
contient ces expériences (*Recherches sur l'équivalent mécanique de la chaleur*, Paris 1858), M. Hirn conclut-il que l'organisme vivant ne saurait être assimilé à un moteur à calo-

reusement guère probable que nos moyens d'investigation atteignent, dans un avenir rapproché, une perfection qui nous permette d'arriver à ce but.

Lausanne, janvier 1887.

---

rique, car il faudrait pour cela non seulement qu'il consommât de la chaleur pour fournir un travail positif, mais encore qu'il en économisât lorsqu'il fournit un travail négatif. « Or, dit M. Hirn, *c'est ce que l'expérience dément formellement* » (p. 110). — Il est curieux que dans un autre ouvrage (*Théorie mécanique de la chaleur*, Paris, 1875), M. Hirn dise : « pour le mécanicien donc, l'homme qui élève un fardeau doit faire disparaître du calorique et celui qui résiste à un fardeau qui descend doit produire du calorique ; *et c'est ce que l'expérience confirme* » (p. 50). Or, dans ce second ouvrage, il n'est point fait mention de nouvelles expériences à résultat opposé à celui des anciennes, décrites dans le premier ; de sorte que c'est l'ancienne conclusion et non la nouvelle qui est conforme au résultat expérimental. Ce résultat m'a vivement frappé, lorsque j'étudiais, il y longtemps déjà, l'ouvrage de M. Hirn, et je me demandai s'il n'y avait pas un facteur *commun* aux expériences à travail positif ou négatif, apte à produire dans les deux cas un déficit de chaleur, qui viendrait, dans le cas de travail positif, *s'ajouter* au déficit correspondant à ce travail, et en faciliter la constatation, en en augmentant la valeur, tandis qu'il viendrait *neutraliser*, en partie du moins, le surplus correspondant au travail négatif, et en rendre ainsi la constatation difficile ou impossible. Ce facteur commun aux deux cas opposés ne pouvait être que le facteur physiologique, la *contraction musculaire ;* donc, la contraction musculaire elle-même devait être un phénomène *absorbant* de la chaleur. Cette supposition n'avait alors d'autre appui expérimental que les expériences de M. Hirn, qui paraissent faites *ad hoc.*

Le Mans. — Imp. A. Drouin, rue du Porc-Épic, 5.

9 7 8 2 0 1 3 5 8 3 4 3 5